초등 필수
수학 서술형 문제집

KB100972

지은이 박재찬

교육대학에서 초등수학교육을 전공했다. 대학 1학년 때부터 초·중·고등학교 학생들의 수학 학습을 코칭 해주며 어떻게 하면 아이들에게 쉽고 재미있게 수학을 가르칠 수 있을까에 대해 고민했다. 현재는 14년째 초등 담임교사로 근무하며 수학 시간을 싫어하는 아이들을, 수학 시간을 기다리는 아이들로 바꿔가고 있다.

수년 전부터 문해력의 중요성을 깨닫고, 학생들의 문해력, 교사들의 교육과정문해력 향상을 위해 다양한 분야에서 활동하였다. 이를 인정받아 교육과정 운영 분야에서 부총리겸 교육부 장관 표창을 받기도 했다.

수학이 어려운 부모들을 위해 14년 동안 초등학생들과 수학이라는 장난감을 가지고 놀며 해온 고민, 그 과정에서 축적된 노하우, 시행착오의 과정 등을 이 책 속에 모두 담았다. 네이버 블로그 〈달리플래닛〉을 통해 학습 방법의 학습(Learn how to learn)에 대한 정보를 전국의 교사와 학부모에게 공유하고 있다. 초등학생들의 문해력 향상에 대한 해법을 고민하며 《하루 한 장 초등 글쓰기 시리즈》, 《하루 10분, 문해력 글쓰기》, 《하루 한 장 초등 교과서 글쓰기》을 펴냈고, 이 책들은 교사와 학부모들 사이에서 꾸준한 사랑을 받으며 베스트셀러로 자리매김 중이다.

초등 필수 수학 서술형 문제집 ┃ 초판 1쇄 발행 2022년 3월 31일 ┃ 지은이 박재찬 ┃ 펴낸이 김선준
기획편집 서선행(sun@forestbooks.co.kr) ┃ 디자인 엄재선 ┃ 펴낸곳 ㈜콘텐츠그룹 포레스트 ┃ 출판등록 2021년 4월 16일 제2021-000079호 ┃ ISBN 979-11-91347-76-0 (03590)

수학 문해력을 키워주는 실천 학습법

초등 필수

수학
서술형 문제
완전정복!

수학 서술형
문제집

박재찬 지음

전격 해부! 초등 수학 서술형 문제 5가지 유형 분석

다섯 가지 유형만 마스터해도? OK~

초등학교 수학, 수학익힘 속에 들어 있는 서술형 문제들의 닮은 점은 무엇일까요? 대부분의 문제가 다섯 가지 유형으로 나누어진다는 것입니다. 그래서 선생님이 초등학교 수학, 수학익힘에서 출제되는 서술형 문제들을 살펴보며 크게 다섯 가지 유형으로 나누어봤습니다. 이 다섯 가지는 서술형 문제의 근본이라고 할 수 있는 유형입니다. 다섯 가지 유형을 이해하고 풀이하는 방법을 익혀놓으면 참 좋겠죠?

 **1. 풀이 과정 서술형**

풀이 과정 서술형 문제는 이렇게 생겼어요.

- 스마트폰 배터리의 $\frac{3}{5}$ 만큼 충전하는 데 30분이 걸렸습니다. 같은 속도와 양으로 충전한다면 스마트폰 배터리가 완전히 충전되기 위해서는 몇 분이 필요한지 풀이 과정을 쓰고 답을 구해보세요.
- 초콜릿 시럽이 $\frac{5}{8}$ 컵 있었습니다. 초콜릿 와플 한 개를 만들며 초콜릿 시럽을 사용했더니 $\frac{1}{4}$ 컵 남았습니다. 초콜릿 와플 한 개를 만드는 데 초콜릿 시럽이 얼마만큼 사용되었는지 풀이 과정을 쓰고 답을 구해보세요.

풀이 과정 서술형 문제는 이렇게 연습하세요.

문제를 읽은 다음 바로 풀이에 들어가는 게 아니라, 풀이 과정을 쓰는 칸에 알아보기 쉽도록 깔끔하게 풀이 과정을 적습니다. 그다음 실제 계산은 연습장에 합니다. 이 유형에서 중요한 건 정답을 구한다는 것도 있지만 풀이 과정을 논리 정연하게 적는 것입니다.

2. 풀이 방법 설명형

풀이 방법 설명형 문제는 이렇게 생겼어요.

- 아래 예시는 $3\frac{1}{2}-1\frac{1}{4}$을 서로 다른 두 가지 방법으로 계산한 것입니다. 각각 어떤 방법으로 계산한 것인지 설명해보세요.

- 1.3×1.4를 계산한 다음, (소수)×(소수)를 계산하는 방법을 설명해보세요.

- 지원이와 민찬이가 계산한 방법을 비교하여 설명해보세요.

- 문제를 해결한 과정을 친구에게 설명해보세요.

풀이 방법 설명형 문제는 이렇게 연습하세요.

글로 풀이 과정을 설명하기 전에 말로 설명해봅니다. 말로 설명해보면서 머릿속에서 1차 점검을 끝낸 뒤, 말을 글로 풀어내게 되면 훨씬 잘 읽히는 설명을 쓸 수 있습니다. 말로 설명할 때는 나의 설명을 들어줄 누군가가 있는 게 좋습니다. 가족이나 친구에게 문제를 풀이하는 과정을 설명해보세요.

 ## 3. 다양한 방법 제시형

다양한 방법 제시형 문제는 이렇게 생겼어요.

- ~를 두 가지 방법으로 구해보세요.
- ~를 두 가지 방법으로 계산해보세요.
- 자신의 풀이 방법을 친구들과 공유한 뒤, 나의 방법과 다른 방법을 찾아 정리해보세요.

다양한 방법 제시형 문제는 이렇게 연습하세요.

평소 문제를 풀이할 때 한 가지 방법으로 답만 구하는 게 아니라 정답을 알더라도 다른 방법이 없을지 고민해보는 연습이 필요합니다. '문제 풀이→정답 확인→또 다른 방법

찾기' 순서로 한 문제를 두 번씩 풀어보는 것도 도움이 됩니다. 이와 더불어 나와 다른 풀이 방법으로 문제를 푸는 친구들의 설명을 귀담아듣는 연습을 하는 것도 도움이 됩니다.

 ### 4. 문제 만들기 유형

문제 만들기 유형 문제는 이렇게 생겼어요.

- 앞선 문제에서 가로와 세로의 길이를 바꾸어 새로운 문제를 만들어보세요.
- 다음 그림을 보고, 문제를 만들고 해결해보세요.
- 주어진 조건을 이용하여 새로운 문제를 만들고 풀이해 보세요.

문제 만들기 유형 문제는 이렇게 연습하세요.

문제를 푸는 것만큼 문제를 만들어보는 활동은 수학적 사고력을 키우는 데 도움이 됩니다. 수학적 상황(수학 교과서에서 제시되는 수학 개념과 관련된 상황)이나 삶의 상황(학교나 가정에서 겪었던 일, TV나 뉴스를 통해 알게된 내용, 책이나 놀이, 물건 등)에서 문제를 만들 만한 내용이 없는지 생각하며 주변 현상들을 관찰해보는 연습이 필요합니다.

 ## 5. 오개념 / 오류 수정형

오개념/오류 수정형 문제는 이렇게 생겼어요.

- 다음 대화를 읽고 잘못 말한 친구를 찾으세요. 그리고 그렇게 생각하는 이유도 함께 써보세요.
- 사람의 수와 과자의 수 사이의 대응관계에 대해 잘못 말한 친구를 찾아 바르게 고쳐보세요.

- 잘못 계산된 식을 찾고, 이유를 설명해보세요.
- 잘못 계산한 부분을 찾아 표시하고, 바르게 고쳐 계산해보세요.

오개념/오류 수정형 문제는 이렇게 연습하세요.

문제를 풀 때 일부러 틀리게 푼 다음, 가족이나 친구들과 잘못 계산된 부분을 찾아보는 퀴즈를 출제합니다. 이때 다른 사람이 내가 일부러 틀린 부분을 어떻게 푸는지를 유심히 관찰합니다. 만약, 가족이나 친구가 바르게 계산하지 못할 때는 올바르게 풀이할 수 있도록 설명하며 도움을 줍니다.

또는 잘못 풀이한 두 문제와 바르게 풀이한 한 문제를 섞어 세 문제의 풀이 과정을 보여줍니다. 그리고 세 문제 중에서 바르게 풀이된 문제를 찾게 합니다. 이 방법으로 오개념/오류 수정형 문제를 연습할 수 있습니다.

목차

$M = (x,y)$

$y \dfrac{dx}{dy} -x$

Mission1.

풀이 과정 서술형
문제 정복하기!

$a^2 + b^2 = c^2$

지원이는 나눔 장터에서 물건을 팔아 다음과 같이 돈을 모았습니다.
지원이가 모은 돈은 모두 얼마인지 풀이 과정을 쓰고 답을 구하세요.

10,000원 지폐 : 11장 1,000원 지폐 : 5장

100원 동전 : 3개 10원 동전 : 8개

풀이 : _____

_____

_____

_____

_____

_____

_____

정답 : _____

풀이와 정답

풀이 :

10,000원 지폐 11장은 110,000원

1,000원 지폐 5장은 5,000원

100원 동전 3개는 300원

10원 동전 8개는 80원

110,000 + 5,000 + 300 + 80 = 115,380

지원이가 나눔 장터에서 물건을 팔아 모은 돈은 115,380원이다.

정답 : 115,380원

선생님 : 다음 식의 계산 결과는 28과 35 사이의 자연수입니다.

$$(\square \div 3 + 2) \times 4 + 5$$

민수 : 선생님! 수가 하나로 정해진 게 아니라 28과 35 사이의 자연
수라고요?

선생님 : 그렇단다. 계산 결과도 자연수고, $\square$안에 들어갈 수도 자연
수란다. 자, 그럼 이제 $\square$안에 들어갈 수 있는 두 자연수의 합을 구
해보겠니? 풀이 과정을 쓰고 답을 구하는 것도 잊지 말고!

풀이 : _____

_____

_____

_____

_____

_____

_____

_____

정답 : _____

풀이 :

($\square$÷3+2)×4+5를 계산한 결과가 28과 35 사이의 자연수라고 한다면 계산 결과를 28부터 35까지로 예상해볼 수 있다. 먼저 28로 가정하면 ($\square$÷3+2)의 값은 5.75가 된다. 이때 $\square$의 값은 11.25인데 11.25는 자연수가 아니다. 그래서 ($\square$÷3+2)×4+5의 계산 결과가 28이라는 가정은 성립하지 않는다. 같은 방법으로 계산을 반복해보면 ($\square$÷3+2)×4+5의 계산 결과가 29와 33일 경우에만 $\square$안에 들어가는 수가 자연수가 된다. 이때 $\square$안에 들어갈 수 있는 자연수는 12와 15다. 그러므로 두 자연수의 합인 27이 정답이다.

정답 : 27

현중이네 학교의 전체 학생은 400명입니다. 이중 안경을 쓴 학생이 전체의 0.55이고, 영어를 좋아하는 학생이 전체의 0.25입니다. 영어를 좋아하며 안경 쓰지 않은 학생이 안경을 쓰지 않은 전체 학생의 0.3이라면 영어를 좋아하는 안경 쓴 학생은 모두 몇 명일까요? 풀이 과정을 쓰고 답을 구해보세요.

풀이 :

정답 :

풀이와 정답

풀이 :

전체 학생 400명 중 안경을 쓴 학생이 전체의 0.55이므로 안경을 쓴 학생은 220명이다. 나머지 학생은 안경을 쓰지 않았으므로 180명은 안경을 쓰지 않았다. 영어를 좋아하는 학생은 전체 학생의 0.25이므로 100명이다. 이중 영어를 좋아하며 안경 쓰지 않은 학생은 안경을 쓰지 않은 180명의 0.3이므로 54명이다. 영어를 좋아하는 학생 100명에서 안경을 쓰지 않은 54명을 빼면 46명의 학생이 영어를 좋아하며 안경을 쓴 학생이 된다.

정답 : 46명

선영이는 레몬차를 마시기 위해 레몬원액을 넣어 10% 진하기의 레몬차를 만들었습니다. 이 레몬차에 레몬원액을 조금 더 넣었더니 레몬차의 진하기가 19%가 되었고, 레몬차는 500ml가 되었습니다. 진한 레몬차를 마신 선영이는 "바로 이 맛이야"라고 말했습니다. 선영이가 더 넣은 레몬원액은 몇 ml인지 풀이 과정을 쓰고 답을 구해보세요.

풀이 :

정답 :

풀이 :

레몬차에 대한 레몬 원액의 비율이 19%인 레몬차에 들어 있는 레몬
원액의 양

$$= 500 \times \frac{19}{100} = 95ml$$

레몬차에는 레몬원액과 물이 섞여 있다. 그러므로 선영이가 처음 만
든 10%의 레몬차가 19%의 레몬차가 되기 위해서는 더 넣은 레몬원
액만큼 레몬차의 양도 많아져야 한다.

19% 진하기의 레몬차가 500ml라고 했으므로 이때 레몬원액의 양은
95ml다. 10%의 레몬차에 들어 있는 레몬원액은 이보다 양이 적어
야 한다. 선영이가 처음 만든 레몬차는 레몬원액 45ml가 들어 있는
450ml 레몬차였다. 이때 비율은 10%가 된다.

선영이는 50ml의 레몬원액을 더 넣었다.

정답 : 50ml

다음 신문 기사를 읽고 콜라를 좋아하는 학생의 비율이 전체의 몇 % 인지 풀이 과정을 쓰고 답을 구해보세요.

· 초등학생들이 좋아하는 음료 순위 ·

10년 만에 가장 더운 여름을 맞아 초등학생들이 좋아하는 음료 순위 BEST 6를 조사하여 띠그래프로 나타내었다.

단위 %

과일차 8.5	우유 7.5	셰이크 5.5	주스 2	콜라	이온음료

총 여섯 가지 종류의 음료(과일차, 우유, 셰이크, 주스, 콜라, 이온음료) 중 과일차를 좋아하는 학생은 전체의 8.5%이고, 우유를 좋아하는 학생은 전체의 7.5%, 셰이크를 좋아하는 학생은 전체의 5.5%, 주스를 좋아하는 학생은 전체의 2%였다. 콜라를 좋아하는 학생보다 이온음료를 좋아하는 학생이 8배 많은 것으로 조사되었다.

풀이 : _____

_____

_____

_____

정답 : _____

풀이 :

100 − 8.5(과일차) − 7.5(우유) − 5.5(셰이크) − 2(주스) = 76.5(%)

76.5는 콜라를 좋아하는 학생과 이온음료를 좋아하는 학생의 비율이다.

콜라를 좋아하는 학생의 비율을 □ %라 하면 이온음료를 좋아하는 학생의 비율은 8×□ %라 할 수 있다.

□+8×□ = 76.5, 9□ = 76.5, □ = 8.5이다.

그러므로 콜라를 좋아하는 학생의 비율은 전체 학생의 8.5%다.

정답 : 8.5%

Mission2.

풀이 방법 설명형
문제 정복하기!

다음 네 장의 숫자 카드를 모두 사용하여 만들 수 있는 소수 두 자리 수 중에서 가장 큰 수는 어떤 수인가요? 네 번째로 큰 소수 두 자리 수는 어떤 수인가요? 가장 큰 소수 두 자리 수와 네 번째로 큰 소수 두 자리 수의 차를 구하고 풀이 방법을 설명해보세요.

4   5   6   7

풀이 :

정답 :

풀이와 정답

풀이 :

4, 5, 6, 7 네 가지의 수를 이용하여 만들 수 있는 가장 큰 소수 두 자리 수는 76.54다. 두 번째로 큰 수는 76.45, 세 번째로 큰 수는 75.64, 네 번째로 큰 수는 75.46이다. 가장 큰 수와 네 번째로 큰 수의 차를 구해야 하므로 76.54-75.46을 계산하면 된다.

76.54-75.46=1.08

정답 : 1.08

분모가 다른 세 분수의 크기를 비교하는 방법을 설명한 다음, 다음 문제에서 □ 안에 들어갈 수 있는 자연수의 합을 계산해보세요.

$$\frac{5}{6} \rangle \frac{\square}{9} \rangle \frac{7}{18}$$

풀이 : _____

_____

_____

_____

_____

_____

_____

_____

_____

_____

_____

_____

정답 : _____

풀이 :

분모가 다른 세 분수의 크기를 비교하기 위해서는 가장 먼저 세 분수를 통분하여 분모를 똑같게 맞춘 다음 분자끼리 비교하면 된다. 위 문제의 경우, 18로 분모를 맞춘 다음 분자 부분끼리 서로 비교하면 된다. $\frac{15}{18} > \frac{2\times\square}{18} > \frac{7}{18}$ 가 되므로 $15 > 2\times\square > 7$에 들어갈 $\square$의 값을 구하면 된다. $\square$안에 들어갈 수 있는 자연수는 4, 5, 6, 7이다. 문제에서 $\square$안에 들어갈 수 있는 자연수의 합을 계산하라고 했으므로 정답은 22가 된다.

정답 : 22

성욱이네 반에서 피자 파티를 하기로 했습니다. 새우 피자를 먹고 싶다고 대답한 학생이 전체 학생의 $\frac{2}{5}$, 불고기 피자를 먹고 싶다고 대답한 학생이 전체의 $\frac{2}{7}$, 나머지 학생들은 치킨 피자를 먹고 싶다고 대답했습니다. 치킨 피자를 먹고 싶다고 대답한 학생은 전체의 몇 분의 몇인가요? 문제를 해결한 과정도 설명해보세요.

풀이 :

정답 :

풀이 :

새우 피자를 먹고 싶다고 대답한 학생은 전체 학생의 $\frac{2}{5}$, 불고기 피자를 먹고 싶다고 대답한 학생은 전체 학생의 $\frac{2}{7}$, 새우 피자나 불고기 피자를 먹고 싶다고 대답하지 않은 나머지 학생이 치킨 피자를 선택한 학생이다.

치킨 피자를 선택한 학생을 구하는 과정을 식으로 나타내면 다음과 같다.

$$1 - \frac{2}{5} - \frac{2}{7}$$

위의 식을 5와 7의 최소공배수인 35로 통분하여 계산하면 다음과 같다.

$$\frac{35}{35} - \frac{14}{35} - \frac{10}{35} = \frac{11}{35}$$

치킨 피자를 먹고 싶다고 대답한 학생은 $\frac{11}{35}$ 이다.

정답 : $\frac{11}{35}$

문제 4 | 출제 단원 : 5학년 2학기 2단원 분수의 곱셈

다음은 은주와 지민이가 세 분수의 곱셈 문제를 풀이한 판서 내용입니다. 은주와 지민이가 계산한 방법을 비교하여 설명해보고, 두 가지 방법 중 내가 좋아하는 계산 방법과 그렇게 생각하는 이유를 써보세요.

은주 $\quad \dfrac{3}{4} \times \dfrac{2}{5} \times \dfrac{5}{6} = \left(\dfrac{3}{4} \times \dfrac{2}{5} \right) \times \dfrac{5}{6} = \dfrac{\cancel{6}^{\,1}}{\cancel{20}_{\,4}} \times \dfrac{\cancel{5}^{\,1}}{\cancel{6}_{\,1}} = \dfrac{1}{4}$

지민 $\quad \dfrac{\cancel{3}^{\,1}}{\cancel{4}_{\,2}} \times \dfrac{\cancel{2}^{\,1}}{\cancel{5}_{\,1}} \times \dfrac{\cancel{5}^{\,1}}{\cancel{6}_{\,2}} = \dfrac{1 \times 1 \times 1}{2 \times 1 \times 2} = \dfrac{1}{4}$

계산 방법 설명 : _____

_____

_____

_____

_____

좋아하는 계산 방법과 이유 : _____

_____

_____

_____

계산 방법 설명 :

은주는 앞에서부터 차례대로 두 분수씩 계산하는 방법으로 세 분수의 곱셈 문제를 해결하였다. 지민이는 은주와는 다르게 분자와 분모를 모두 약분한 다음 남은 수들을 곱하여 세 분수의 곱셈 문제를 해결하였다.

좋아하는 계산 방법과 이유 :

나는 두 친구의 방법 중 지민이의 방법을 좋아한다. 그 이유는 은주의 방법보다 훨씬 간단하게 세 분수의 곱셈을 할 수 있기 때문이다. 일단 약분을 모두 한 다음 약분이 안 되는 수들끼리 곱하면 수가 커지지 않아 간단하다.

다음은 선생님께서 내주신 문제를 풀어가는 미진이와 창수의 풀이 중 일부분입니다. 미진이와 창수가 계산한 방법을 비교하여 설명한 다음, 문제의 정답을 구해보세요.

문제
은영이는 이번 달 1일부터 시작하여 매일 같은 양의 우유를 마셨습니다. 오늘은 8일이고, 지금까지 은영이가 마신 우유의 양은 모두 1.84L입니다. 앞으로도 매일 같은 양을 마신다고 한다면, 이번 달 18일까지 은영이가 마신 우유의 양은 모두 몇 L가 될까요?

· 미진이의 계산 방법

$$1.84 \div 8 = \frac{184}{100} \div 8 = \frac{184 \div 8}{100} = \frac{23}{100} = 0.23$$

· 창수의 계산 방법

$$184 \div 8 = 23 \rightarrow 0.23$$

설명 : _____

_____

_____

_____

_____

정답 : _____

풀이와 정답

풀이 :

미진이와 창수가 풀이한 문제는 소수와 자연수의 곱셈과 나눗셈 문제다. 같은 문제지만 두 친구가 사용한 방법은 조금 다르다.

먼저 미진이는 소수를 분수로 바꾸어 계산하였다. 소수를 분수로 바꿔 분수의 나눗셈으로 계산한 다음 계산 결과를 다시 소수로 나타냈다.

창수는 자연수의 나눗셈으로 계산하였다. 소수를 자연수로 생각하여 계산한 다음 소수점을 이동하여 다시 소수로 만들었다.

은영이가 하루에 마시는 우유양은 0.23L이므로 18일까지 마신 양은 4.14L이다.

정답 : 4.14L

$M = (x,y)$

$y \dfrac{dx}{dy} \cdot x$

$x - 25 = y$

$5 \times 5 = 25$

Mission3.

다양한 방법 제시형
문제 정복하기!

$a^2 + b^2 = c^2$

원지네 학년 친구들은 다음 주에 있는 학년 모임을 위해 강당에 탁자를 준비하고 있습니다. 탁자에는 그림과 같이 앉을 수 있습니다.

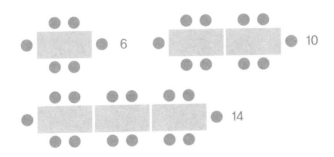

그림과 같은 방식으로 원지네 학년 학생 62명이 모두 탁자에 앉으려면 탁자는 몇 개가 필요할까요? 정답을 구하는 방법을 두 가지로 설명해보세요.

방법 1 : _____

_____

_____

방법 2 : _____

_____

_____

정답 : _____

풀이 :

[방법 1] 예상하고 확인하는 방법

6명이 앉을 때 2명은 세로 면, 4명은 가로 면에 앉는다. [탁자 1개]

10명이 앉을 때 2명은 세로 면, 8명은 가로 면에 앉는다. [탁자 2개]

14명이 앉을 때 2명은 세로 면, 12명은 가로 면에 앉는다. [탁자 3개]

이 세 가지 경우를 통해 다음 두 가지를 예상해볼 수 있다.

하나, 탁자에 몇 명이 앉든지 2명만 세로 면에 앉는다.

둘, (가로 면에 앉는 사람 수)÷4=(탁자 수)

두 가지를 통해 62명이 앉는 때를 예상해보면 2명이 세로 면에 앉고 나머지 60명(2×30)은 가로 면에 앉을 것이다. 그러므로 이때 필요한 탁자 수는 15개가 된다.

[방법 2] 식을 세워 구하는 방법

탁자에 앉을 수 있는 사람의 수를 정리해보면 다음과 같다. 탁자 1개 →사람 6명, 탁자 2개→사람 10명, 탁자 3개→사람 14명. 이렇게 수를 늘려가다 보면 (탁자 수)×4+2=(사람 수)라는 공식을 발견해 낼 수 있다. 원지네 학년 학생이 62명이라고 했으므로 학생 수를 발견해낸 공식에 대입하면 다음과 같다.

(탁자 수)×4+2=62

이 식을 계산해보면 탁자 수는 15개가 된다.

정답 : 15개

최소공배수를 구하는 방법은 크게 두 가지로 나눠볼 수 있습니다. 공약수를 이용하여 구하는 방법과 곱셈식을 이용하여 구하는 방법. 12와 16의 최소공배수를 두 가지 방법으로 구해보세요.

방법1: ＿＿＿＿＿＿＿＿＿＿＿＿＿＿＿＿＿＿＿＿＿＿＿＿
＿＿＿＿＿＿＿＿＿＿＿＿＿＿＿＿＿＿＿＿＿＿＿＿＿＿＿
＿＿＿＿＿＿＿＿＿＿＿＿＿＿＿＿＿＿＿＿＿＿＿＿＿＿＿
＿＿＿＿＿＿＿＿＿＿＿＿＿＿＿＿＿＿＿＿＿＿＿＿＿＿＿
＿＿＿＿＿＿＿＿＿＿＿＿＿＿＿＿＿＿＿＿＿＿＿＿＿＿＿
＿＿＿＿＿＿＿＿＿＿＿＿＿＿＿＿＿＿＿＿＿＿＿＿＿＿＿

방법2: ＿＿＿＿＿＿＿＿＿＿＿＿＿＿＿＿＿＿＿＿＿＿＿＿
＿＿＿＿＿＿＿＿＿＿＿＿＿＿＿＿＿＿＿＿＿＿＿＿＿＿＿
＿＿＿＿＿＿＿＿＿＿＿＿＿＿＿＿＿＿＿＿＿＿＿＿＿＿＿
＿＿＿＿＿＿＿＿＿＿＿＿＿＿＿＿＿＿＿＿＿＿＿＿＿＿＿
＿＿＿＿＿＿＿＿＿＿＿＿＿＿＿＿＿＿＿＿＿＿＿＿＿＿＿
＿＿＿＿＿＿＿＿＿＿＿＿＿＿＿＿＿＿＿＿＿＿＿＿＿＿＿

정답: ＿＿＿＿＿＿＿＿＿＿＿＿＿＿＿＿＿＿＿＿＿＿＿＿＿

풀이 :

[방법 1] 공약수를 이용하여 구하는 방법

12와 16의
공약수
6과 8의
공약수

$2 \,)\, \underline{12 \qquad 16}$

$2 \,)\, \underline{6 \qquad 8}$

$3 \qquad 4$

12와 16의 최소 공배수 : $2 \times 2 \times 3 \times 4 = 48$

[방법 2] 곱셈식을 이용하여 구하는 방법

$$12 = 2 \times 2 \times 3$$

$$16 = 2 \times 2 \times 2 \times 2$$

12와 16의 최소 공배수 : $2 \times 2 \times 3 \times 2 \times 2 = 48$

정답 : 48

진분수와 진분수의 곱셈인 $\dfrac{3}{4} \times \dfrac{5}{6}$ 를 두 가지 방법으로 계산해보세요. 그다음 내가 사용한 방법과 다른 방법으로 계산한 친구의 방법을 찾아 정리해보세요.

방법 1:

방법 2:

친구의 방법:

정답:

풀이 :

진분수와 진분수의 곱셈은 보통 세 가지 방법을 이용하여 계산한다.

[방법 1] 분자는 분자끼리, 분모는 분모끼리 모두 곱한 다음 가장 마지막에 약분하는 방법이다.

$$\frac{3}{4} \times \frac{5}{6} = \frac{3 \times 5}{4 \times 6} = \frac{15}{24} = \frac{5}{8}$$

[방법 2] 분자는 분자끼리, 분모는 분모끼리 계산하되 계산하는 과정 중에 약분하는 방법이다.

$$\frac{3}{4} \times \frac{5}{6} = \frac{3 \times 5}{4 \times 6} = \frac{5}{8}$$

[방법 3] 처음부터 분자와 분모가 약분이 되는 수를 찾아 먼저 약분한 다음 곱셈을 하는 방법이다.

$$\frac{3}{4} \times \frac{5}{6} = \frac{1 \times 5}{4 \times 2} = \frac{5}{8}$$

정답 : $\frac{5}{8}$

가축들이 다른 곳에 가지 않도록 34.2m짜리 철사를 사용하여 겹치지 않게 울타리를 치려고 합니다. 정삼각형 울타리를 만들 때 한 변의 길이와 정육각형 울타리를 만들 때 한 변의 길이의 차는 몇 m인지 두 가지 방법으로 계산해보세요.

방법1 : _____

_____

_____

_____

방법2 : _____

_____

_____

_____

정답 : _____

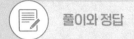

풀이 :

[방법 1] 분수의 나눗셈으로 바꾸어 계산하는 방법

$$34.2 \div 3 = \frac{342}{10} \div 3 = \frac{342 \div 3}{10} = \frac{114}{10} = 11.4$$

$$34.2 \div 6 = \frac{342}{10} \div 6 = \frac{342 \div 6}{10} = \frac{57}{10} = 5.7$$

$$11.4 - 5.7 = 5.7$$

[방법 2] 세로로 계산하는 방법

$$
\begin{array}{r}
11.4 \\
3\overline{)34.2} \\
33 \\
\hline
12 \\
12 \\
\hline
0
\end{array}
\qquad
\begin{array}{r}
5.7 \\
6\overline{)34.2} \\
30 \\
\hline
42 \\
42 \\
\hline
0
\end{array}
$$

$$11.4 - 5.7 = 5.7$$

정답 : 5.7m

넓이가 $3\frac{3}{5}$cm²인 평행사변형의 높이가 $\frac{3}{4}$cm라 할 때, 이 평행사변형의 밑변의 길이는 몇 cm인지 두 가지 방법으로 구해보세요.

방법1 : _____

_____

_____

_____

_____

_____

방법2 : _____

_____

_____

_____

_____

_____

_____

정답 : _____

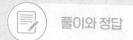

풀이 :

대분수의 나눗셈은 두 가지 방법으로 계산할 수 있다.

[방법 1] 대분수를 가분수로 나타낸 다음, 통분하여 분자끼리 나누어 계산한다.

$$3\frac{3}{5} \div \frac{3}{4} = \frac{18}{5} \div \frac{3}{4} = \frac{72}{20} \div \frac{15}{20} = 72 \div 15 = \frac{72}{15} = \frac{24}{5} = 4\frac{4}{5}$$

[방법 2] 대분수를 가분수로 나타낸 다음, 분수의 곱셈으로 바꾸어 계산한다.

$$3\frac{3}{5} \div \frac{3}{4} = \frac{18}{5} \div \frac{3}{4} = \frac{18}{5} \times \frac{4}{3} = \frac{24}{5} = 4\frac{4}{5}$$

정답 : $4\frac{4}{5}$ cm

$M = (x,y)$

$$y \frac{dx}{dy} - x$$

$x \cdot 25 = y$

$5 \times 5 = 25$

Mission4.

문제 만들기 유형
문제 정복하기!

$a^2 + b^2 = c^2$

문제

길이가 840cm인 끈을 이용하여 한 변의 길이가 125cm인 정육각형을 만들려고 합니다. 사용하고 남은 끈을 민정이에게 돌려준다면 민정이가 받게 될 끈의 길이는 몇 cm일까요?

문제의 정답을 구하고, 문제를 응용하여 새로운 문제를 만들어보세요.

풀이 : _____

_____

_____

_____

_____

정답 : _____

새로운 문제 : _____

_____

_____

_____

_____

풀이 :

$840-(125\times6)=90$

정답 : 90cm

새로운 문제 :

1. 230cm짜리 끈을 이용하여 한 변이 90cm인 정삼각형을 만들려고
   할 때 부족한 끈은 몇 cm일까요?

2. 70cm짜리 수수깡을 잘라 한 변이 15cm인 정사각형을 만들었습
   니다. 정사각형을 만들고 남은 수수깡은 몇 cm일까요?

다음 그림을 이용하여 예시와 비슷한 문제를 만들고 풀이해보세요.

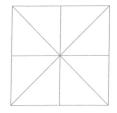

예시) 다음 그림에서 찾아낼 수 있는 크고 작은 삼각형은 모두 몇 개
인가요?

문제 : _____

_____

_____

_____

_____

_____

_____

_____

_____

정답 : _____

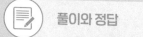

문제 예시:

1. 다음 그림에서 찾아낼 수 있는 크고 작은 사각형은 모두 몇 개인 가요?

2. 다음 그림에서 찾아낼 수 있는 크고 작은 정사각형은 모두 몇 개 인가요?

정답 : 9개(첫 번째 문제 정답)

시저 암호에 담긴 원리를 이용하여 새로운 문제를 만들고 풀이해보
세요.

· 시저 암호 ·

로마의 황제 시저가 사용한 것으로 알려진 이 암호는 암호로 만들고
싶은 알파벳을 일정한 거리만큼 밀어서 다른 알파벳으로 바꾸어 사
용한 것이다. 예를 들어 알파벳 순서를 세 칸씩 밀어내어 'ABC'를 암
호화하면 'DEF'가, 'FED'를 암호화하면 'IHG'가 된다. 시저는 이 암
호를 자신의 아군들과 정보를 공유하기 위해 만들었다고 한다.

문제 : _____

_____

_____

_____

_____

_____

_____

정답 : _____

문제:

전쟁 중인 시저가 자신의 아군에게 다음과 같은 내용의 편지를 보냈
습니다.

$$\boxed{\text{KHOS PH}}$$

시저가 전달하려한 이야기는 무엇일까요?

(※ 시저는 알파벳 순서를 세 칸씩 밀어서 암호를 작성했다.)

정답 : HELP ME

주어진 다섯 개의 분수 중 세 분수를 고른 다음, 분수의 덧셈과 뺄셈과 관련된 새로운 문제를 만들고 풀이해보세요. (문제에는 학교, 문구점, 수영장, 우리 집. 이렇게 네 개의 장소가 포함되어야 합니다.)

$$\frac{1}{2}, \frac{1}{3}, \frac{1}{5}, \frac{4}{7}, \frac{3}{8}$$

문제와 풀이 : _____

_____

_____

_____

_____

_____

_____

_____

_____

_____

_____

_____

_____

정답 : _____

문제와 풀이 :

학교에서 문구점까지의 거리는 $\frac{1}{2}$ km이고, 문구점에서 수영장까지의 거리는 $\frac{1}{5}$ km다. 수영장에서 우리 집까지 거리는 $\frac{4}{7}$ km다. 학교에서 출발하여 문구점과 수영장을 거쳐 우리 집까지 오는 길은 모두 몇 km인지 답을 구하시오.

$$\frac{1}{2} + \frac{1}{5} + \frac{4}{7} = \frac{35}{70} + \frac{14}{70} + \frac{40}{70} = \frac{89}{70} = 1\frac{19}{70}$$

정답 : $1\frac{19}{70}$ km

주어진 조건을 이용하여 직육면체의 부피, 겉넓이와 관련된 문제를
만들고 풀이해보세요.

조건
가로 8cm, 세로 16cm, 높이 8cm인 직육면체 모양 벌꿀 카스텔라 1개
한 모서리의 길이가 8cm인 정육면체 모양 식빵 3개

문제 : _____

_____

_____

_____

풀이 : _____

_____

_____

_____

_____

정답 : _____

문제 :

지원이는 가로 8cm, 세로 16cm, 높이 8cm인 직육면체 모양 벌꿀 카스텔라에 한 모서리의 길이가 8cm인 정육면체 모양 식빵 3개를 그대로 연결하여 기다란 직육면체 모양의 빵을 만들었습니다. 이 빵의 겉넓이는 몇 cm²일까요?

풀이 :

새롭게 만든 직육면체 모양 빵은 가로 8cm, 세로 40cm, 높이 8cm다. 이 직육면체의 겉넓이를 구하는 방법은 다음과 같다.

(한 밑면의 넓이)×2+(옆면의 넓이)

= (8×8)×2+(8+8+8+8)×40

= 1408cm²

정답 : 1408cm²

M = (x,y)

$y \left[\dfrac{dx}{dy} \right]^{-x}$

Mission5.

오개념 / 오류 수정형
문제 정복하기!

$a^2 + b^2 = c^2$

문제 1 | 출제 단원 : 4학년 1학기 1단원 큰 수

다음 대화를 읽고 잘못 말한 친구를 찾으세요. 그리고 그렇게 생각하는 이유도 함께 써보세요.

> 우진 : 654,218,700을 100배 한 수의 십억 자리 수는 5야.
>
> 민혁 : 654,218,700을 100배 한 수의 십억 자리 수는 4야.

정답 : _____

풀이 : _____

_____

_____

_____

_____

_____

_____

_____

_____

_____

정답 : 민혁

풀이 :

잘못 말한 친구는 민혁이다. 그 이유는 다음과 같다. 654,218,700을 100배 한 수는 65,421,870,000이다. 이 수는 '육백오십사억이천백팔십칠만'으로 읽을 수 있다. 이 수의 십억 자리 수는 5다. 그러므로 우진이가 맞고 민혁이가 틀렸다. 민혁이가 말한 4는 십억 자리의 수가 아니라 억 자리의 수이다.

문제 2 | 출제 단원 : 5학년 1학기 6단원 다각형의 둘레와 넓이

현서는 한 대각선의 길이가 16cm인 칠교판을 이용하여 칠교놀이를 했습니다. 현서는 일곱 조각 중 네 조각을 이용하여 모양을 만들고, 그 모양의 넓이를 구했습니다.

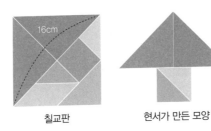

칠교판   현서가 만든 모양

현서의 풀이과정
칠교판의 한 대각선의 길이 16cm
내가 만든 모양의 삼각형(윗부분) 넓이 $16 \times 16 \div 2 = 128cm^2$
내가 만든 모양의 사각형(아랫부분) 넓이 $8 \times 8 = 64cm^2$
내가 만든 모양의 넓이 $128 + 64 = 192cm^2$

현서의 풀이과정을 보고 잘못 계산한 부분을 찾아 바르게 고치고, 계산하여 올바른 답을 구해보세요.

잘못 계산한 부분 : _____

_____

정답 : _____

잘못 계산한 부분 :

현서가 만든 모양의 삼각형(윗부분) 넓이 $16 \times 8 \div 2 = 64cm^2$

현서가 만든 모양의 사각형(아랫부분) 넓이 $4 \times 4 = 16cm^2$

정답 : $80cm^2$

다음은 수를 어림하는 방법에 대한 세 친구의 대화입니다. <u>잘못</u> 말한 친구를 찾고 이 친구가 잘못 말한 이유를 적어보세요. 그 다음 올바른 답을 구해보세요.

윤열 : 286을 올림하여 십의 자리까지 나타내면 290이야.
성호 : 286을 버림하여 십의 자리까지 나타내면 280이야.
유연 : 286을 반올림하여 백의 자리까지 나타내면 290이야.

잘못 말한 친구 : _____

이유 : _____

_____

_____

_____

_____

_____

_____

_____

_____

정답 : _____

잘못 말한 친구 : 유연

이유 :

유연이는 286을 반올림하여 백의 자리까지 나타낸 수가 290이라고
했는데 이건 반올림하여 십의 자리까지 나타냈을 때 얻을 수 있는 답
이다. 286을 반올림하여 백의 자리까지 나타내기 위해서는 십의 자
리에서 반올림을 해야 한다. 8을 반올림해야 하므로 300이 된다.

정답 : 300

문제 4 | 출제 단원 : 6학년 1학기 1단원 분수의 나눗셈

다음은 지우네 반 친구들이 (대분수)÷(자연수) 문제를 풀면서 이야기 나눈 내용입니다. 다음 대화를 읽고 <u>잘못</u> 말한 친구를 찾으세요. 그리고 그렇게 생각하는 이유도 함께 써보세요.

지우

$5\frac{5}{7}÷5$ 를 계산하려면 어떤 방법을 사용할 수 있을까?

은민

일단 대분수를 가분수로 고친 다음 자연수로 나누면 어떨까?
$5\frac{5}{7}÷5=\frac{45}{7}÷5=\frac{45÷5}{7}=\frac{9}{7}=1\frac{2}{7}$ 이렇게 말이야!

유진

대분수를 가분수로 고치지 않고 계산하는 게 더 빠르지 않을까?
$5\frac{5}{7}÷5=5\frac{5÷5}{7}=5\frac{1}{7}$ 이렇게 계산하면 훨씬 쉽지 않아?

지우

은민이와 유진이의 정답이 서로 다른데 누가 맞은 거지?

잘못 말한 친구 : _____

이유 : _____

_____

_____

_____

잘못 말한 친구 : 유진

이유 :

(대분수)÷(자연수)를 할 때 대분수는 먼저 가분수로 고쳐야 한다.
그 이유는 대분수에 포함되어 있는 자연수도 나눠줘야 하기 때문이
다. 가분수로 고치지 않고 분수끼리만 나눠주면 나눠야할 것을 빠뜨
린 셈이므로 올바른 계산이라 할 수 없다.

서영이는 밑면이 정사각형이고 옆면이 합동인 네 개의 이등변삼각형으로 이루어진 그림과 같은 사각뿔을 만들기 위해 30cm 길이 수수깡을 8개 준비하였습니다. 사각뿔을 만들기 전, 서영이는 사각뿔을 만들고 남은 수수깡의 길이가 얼마 정도 되는지 확인해보기 위해 칠판에 다음과 같이 계산했습니다.

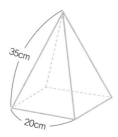

전체 수수깡의 길이 240cm
밑면에 필요한 수수깡
20×3=60cm
옆면에 필요한 수수깡
35×3=105cm
남은 수수깡
240-60-105=75cm

서영이가 잘못 계산한 부분을 찾아 바르게 고쳐 계산해보세요.

풀이 :

정답 :

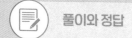

풀이 :

서영이는 밑면에 필요한 수수깡을 20×3=60으로, 옆면에 필요한 수수깡을 35×3=105로 계산했다. 그런데 사각뿔은 밑면의 모서리가 4개, 옆면의 모서리가 4개다. 그러므로 20×4=80, 35×4=140으로 계산해야 한다. 정리하자면 서영이는 사각뿔의 모서리의 수를 잘못 계산하였다. 바르게 고쳐 계산하면 240−220으로 남은 수수깡의 길이는 20cm가 된다.

정답 : 20cm

지금까지 수학, 수학익힘에서 출제되는 서술형 문제들을

크게 (다) (섯) (가) (지) 유형으로 나누어 풀어봤습니다.

이 다섯 가지는 서술형 문제의

근본이라고 할 수 있을 정도로 중요해요.

그러니 한 번 더 반복해서 풀어볼게요.

지원이는 나눔 장터에서 물건을 팔아 다음과 같이 돈을 모았습니다.
지원이가 모은 돈은 모두 얼마인지 풀이 과정을 쓰고 답을 구하세요.

10,000원 지폐 : 11장 1,000원 지폐 : 5장
100원 동전 : 3개 10원 동전 : 8개

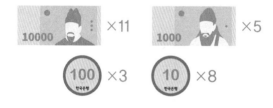

다음 네 장의 숫자 카드를 모두 사용하여 만들 수 있는 소수 두 자리
수 중에서 가장 큰 수는 어떤 수인가요? 네 번째로 큰 소수 두 자리 수
는 어떤 수인가요? 가장 큰 소수 두 자리 수와 네 번째로 큰 소수 두
자리 수의 차를 구하고 풀이 방법을 설명해보세요.

4   5   6   7

원지네 학년 친구들은 다음 주에 있는 학년 모임을 위해 강당에 탁자를 준비하고 있습니다. 탁자에는 그림과 같이 앉을 수 있습니다.

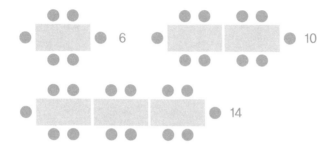

그림과 같은 방식으로 원지네 학년 학생 62명이 모두 탁자에 앉으려면 탁자는 몇 개가 필요할까요? 정답을 구하는 방법을 두 가지로 설명해보세요.

문제

길이가 840cm인 끈을 이용하여 한 변의 길이가 125cm인 정육각형을
만들려고 합니다. 사용하고 남은 끈을 민정이에게 돌려준다면 민정이가
받게 될 끈의 길이는 몇 cm일까요?

문제의 정답을 구하고, 문제를 응용하여 새로운 문제를 만들어보세요.

다음 대화를 읽고 잘못 말한 친구를 찾으세요. 그리고 그렇게 생각하는 이유도 함께 써보세요.

우진 : 654,218,700을 100배 한 수의 십억 자리 수는 5야.

민혁 : 654,218,700을 100배 한 수의 십억 자리 수는 4야.

선생님 : 다음 식의 계산 결과는 28과 35 사이의 자연수입니다.

$$(\square \div 3 + 2) \times 4 + 5$$

민수 : 선생님! 수가 하나로 정해진 게 아니라 28과 35 사이의 자연수라고요?

선생님 : 그렇단다. 계산 결과도 자연수고, □안에 들어갈 수도 자연수란다. 자, 그럼 이제 □안에 들어갈 수 있는 두 자연수의 합을 구해보겠니? 풀이 과정을 쓰고 답을 구하는 것도 잊지 말고!

분모가 다른 세 분수의 크기를 비교하는 방법을 설명한 다음, 다음 문제에서 □ 안에 들어갈 수 있는 자연수의 합을 계산해보세요.

$$\frac{5}{6} \rangle \frac{\square}{9} \rangle \frac{7}{18}$$

최소공배수를 구하는 방법은 크게 두 가지로 나눠볼 수 있습니다. 공약수를 이용하여 구하는 방법과 곱셈식을 이용하여 구하는 방법. 12와 16의 최소공배수를 두 가지 방법으로 구해보세요.

다음 그림을 이용하여 예시와 비슷한 문제를 만들고 풀이해보세요.

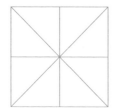

예시) 다음 그림에서 찾아낼 수 있는 크고 작은 삼각형은 모두 몇 개
인가요?

현서는 한 대각선의 길이가 16cm인 칠교판을 이용하여 칠교놀이를 했습니다. 현서는 일곱 조각 중 네 조각을 이용하여 모양을 만들고, 그 모양의 넓이를 구했습니다.

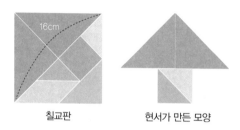

칠교판   현서가 만든 모양

현서의 풀이과정

칠교판의 한 대각선의 길이 16cm

내가 만든 모양의 삼각형(윗부분) 넓이 $16 \times 16 \div 2 = 128 \text{cm}^2$

내가 만든 모양의 사각형(아랫부분) 넓이 $8 \times 8 = 64 \text{cm}^2$

내가 만든 모양의 넓이 $128 + 64 = 192 \text{cm}^2$

현서의 풀이과정을 보고 잘못 계산한 부분을 찾아 바르게 고치고, 계산하여 올바른 답을 구해보세요.

현중이네 학교의 전체 학생은 400명입니다. 이중 안경을 쓴 학생이 전체의 0.55이고, 영어를 좋아하는 학생이 전체의 0.25입니다. 영어를 좋아하며 안경 쓰지 않은 학생이 안경을 쓰지 않은 전체 학생의 0.3이라면 영어를 좋아하는 안경 쓴 학생은 모두 몇 명일까요? 풀이 과정을 쓰고 답을 구해보세요.

성욱이네 반에서 피자 파티를 하기로 했습니다. 새우 피자를 먹고 싶다고 대답한 학생이 전체 학생의 $\frac{2}{5}$, 불고기 피자를 먹고 싶다고 대답한 학생이 전체의 $\frac{2}{7}$, 나머지 학생들은 치킨 피자를 먹고 싶다고 대답했습니다. 치킨 피자를 먹고 싶다고 대답한 학생은 전체의 몇 분의 몇인가요? 문제를 해결한 과정도 설명해보세요.

문제 13

진분수와 진분수의 곱셈인 $\dfrac{3}{4} \times \dfrac{5}{6}$를 두 가지 방법으로 계산해보세요. 그다음 내가 사용한 방법과 다른 방법으로 계산한 친구의 방법을 찾아 정리해보세요.

시저 암호에 담긴 원리를 이용하여 새로운 문제를 만들고 풀이해보세요.

· 시저 암호 ·

로마의 황제 시저가 사용한 것으로 알려진 이 암호는 암호로 만들고 싶은 알파벳을 일정한 거리만큼 밀어서 다른 알파벳으로 바꾸어 사용한 것이다. 예를 들어 알파벳 순서를 세 칸씩 밀어내어 'ABC'를 암호화하면 'DEF'가, 'FED'를 암호화하면 'IHG'가 된다. 시저는 이 암호를 자신의 아군들과 정보를 공유하기 위해 만들었다고 한다.

다음은 수를 어림하는 방법에 대한 세 친구의 대화입니다. 잘못 말한 친구를 찾고 이 친구가 잘못 말한 이유를 적어보세요. 그 다음 올바른 답을 구해보세요.

> 윤열 : 286을 올림하여 십의 자리까지 나타내면 290이야.
> 성호 : 286을 버림하여 십의 자리까지 나타내면 280이야.
> 유연 : 286을 반올림하여 백의 자리까지 나타내면 290이야.

선영이는 레몬차를 마시기 위해 레몬원액을 넣어 10% 진하기의 레몬차를 만들었습니다. 이 레몬차에 레몬원액을 조금 더 넣었더니 레몬차의 진하기가 19%가 되었고, 레몬차는 500ml가 되었습니다. 진한 레몬차를 마신 선영이는 "바로 이 맛이야"라고 말했습니다. 선영이가 더 넣은 레몬원액은 몇 ml인지 풀이 과정을 쓰고 답을 구해보세요.

다음은 은주와 지민이가 세 분수의 곱셈 문제를 풀이한 판서 내용입니다. 은주와 지민이가 계산한 방법을 비교하여 설명해보고, 두 가지 방법 중 내가 좋아하는 계산 방법과 그렇게 생각하는 이유를 써보세요.

은주 $\quad \dfrac{3}{4} \times \dfrac{2}{5} \times \dfrac{5}{6} = \left(\dfrac{3}{4} \times \dfrac{2}{5} \right) \times \dfrac{5}{6} = \dfrac{\overset{1}{\cancel{6}}}{\underset{4}{\cancel{20}}} \times \dfrac{\overset{1}{\cancel{5}}}{\underset{1}{\cancel{6}}} = \dfrac{1}{4}$

지민 $\quad \dfrac{\overset{1}{\cancel{3}}}{\underset{2}{\cancel{4}}} \times \dfrac{\overset{1}{\cancel{2}}}{\underset{1}{\cancel{5}}} \times \dfrac{\overset{1}{\cancel{5}}}{\underset{2}{\cancel{6}}} = \dfrac{1 \times 1 \times 1}{2 \times 1 \times 2} = \dfrac{1}{4}$

가축들이 다른 곳에 가지 않도록 34.2m짜리 철사를 사용하여 겹치지 않게 울타리를 치려고 합니다. 정삼각형 울타리를 만들 때 한 변의 길이와 정육각형 울타리를 만들 때 한 변의 길이의 차는 몇 m인지 두 가지 방법으로 계산해보세요.

주어진 다섯 개의 분수 중 세 분수를 고른 다음, 분수의 덧셈과 뺄셈
과 관련된 새로운 문제를 만들고 풀이해보세요. (문제에는 학교, 문구점,
수영장, 우리 집. 이렇게 네 개의 장소가 포함되어야 합니다.)

$$\frac{1}{2}, \frac{1}{3}, \frac{1}{5}, \frac{4}{7}, \frac{3}{8}$$

다음은 지우네 반 친구들이 (대분수)÷(자연수) 문제를 풀면서 이야기 나눈 내용입니다. 다음 대화를 읽고 <u>잘못</u> 말한 친구를 찾으세요. 그리고 그렇게 생각하는 이유도 함께 써보세요.

지우

$5\frac{5}{7} \div 5$ 를 계산하려면 어떤 방법을 사용할 수 있을까?

은민

일단 대분수를 가분수로 고친 다음 자연수로 나누면 어떨까?
$5\frac{5}{7} \div 5 = \frac{45}{7} \div 5 = \frac{45 \div 5}{7} = \frac{9}{7} = 1\frac{2}{7}$ 이렇게 말이야!

유진

대분수를 가분수로 고치지 않고 계산하는 게 더 빠르지 않을까?
$5\frac{5}{7} \div 5 = 5\frac{5 \div 5}{7} = 5\frac{1}{7}$ 이렇게 계산하면 훨씬 쉽지 않아?

지우

은민이와 유진이의 정답이 서로 다른데 누가 맞은 거지?

다음 신문 기사를 읽고 콜라를 좋아하는 학생의 비율이 전체의 몇 %
인지 풀이 과정을 쓰고 답을 구해보세요.

• 초등학생들이 좋아하는 음료 순위 •

10년 만에 가장 더운 여름을 맞아 초등학생들이 좋아하는 음료 순위
BEST 6를 조사하여 띠그래프로 나타내었다.

단위 %

과일차 8.5	우유 7.5	셰이크 5.5	주스 2	콜라	이온음료

총 여섯 가지 종류의 음료(과일차, 우유, 셰이크, 주스, 콜라, 이온음료) 중
과일차를 좋아하는 학생은 전체의 8.5%이고, 우유를 좋아하는 학생
은 전체의 7.5%, 셰이크를 좋아하는 학생은 전체의 5.5%, 주스를 좋
아하는 학생은 전체의 2%였다. 콜라를 좋아하는 학생보다 이온음료
를 좋아하는 학생이 8배 많은 것으로 조사되었다.

다음은 선생님께서 내주신 문제를 풀어가는 미진이와 창수의 풀이 중 일부분입니다. 미진이와 창수가 계산한 방법을 비교하여 설명한 다음, 문제의 정답을 구해보세요.

문제

은영이는 이번 달 1일부터 시작하여 매일 같은 양의 우유를 마셨습니다. 오늘은 8일이고, 지금까지 은영이가 마신 우유의 양은 모두 1.84L입니다. 앞으로도 매일 같은 양을 마신다고 한다면, 이번 달 18일까지 은영이가 마신 우유의 양은 모두 몇 L가 될까요?

・미진이의 계산 방법

$$1.84 \div 8 = \frac{184}{100} \div 8 = \frac{184 \div 8}{100} = \frac{23}{100} = 0.23$$

・창수의 계산 방법

$$184 \div 8 = 23 \rightarrow 0.23$$

문제 23

넓이가 $3\frac{3}{5}$ cm²인 평행사변형의 높이가 $\frac{3}{4}$ cm라 할 때, 이 평행사변형

의 밑변의 길이는 몇 cm인지 두 가지 방법으로 구해보세요.

주어진 조건을 이용하여 직육면체의 부피, 겉넓이와 관련된 문제를 만들고 풀이해보세요.

조건
가로 8cm, 세로 16cm, 높이 8cm인 직육면체 모양 벌꿀 카스텔라 1개
한 모서리의 길이가 8cm인 정육면체 모양 식빵 3개

서영이는 밑면이 정사각형이고 옆면이 합동인 네 개의 이등변삼각형으로 이루어진 그림과 같은 사각뿔을 만들기 위해 30cm 길이 수수깡을 8개 준비하였습니다. 사각뿔을 만들기 전, 서영이는 사각뿔을 만들고 남은 수수깡의 길이가 얼마 정도 되는지 확인해보기 위해 칠판에 다음과 같이 계산했습니다.

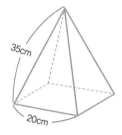

전체 수수깡의 길이 240cm
밑면에 필요한 수수깡
$20 \times 3 = 60$cm
옆면에 필요한 수수깡
$35 \times 3 = 105$cm
남은 수수깡
$240 - 60 - 105 = 75$cm

서영이가 잘못 계산한 부분을 찾아 바르게 고쳐 계산해보세요.

You Can Do It!

진짜 끝